这本书的主人是：

探险家＿＿＿＿＿＿＿＿＿

献给格伦（又名波比G.），你总是无比投入，乐在其中。——斯泰西·麦克诺蒂

献给卡蒂、本尼和乔治。——戴维·利奇菲尔德

献给冰川们，希望你们保持冷酷。——海洋

OCEAN! WAVES FOR ALL by Stacy McAnulty and illustrations by David Litchfield
Text copyright © 2020 by Stacy McAnulty
Illustrations copyright © 2020 by David Litchfield
Published by arrangement with Henry Holt and Company
Henry Holt® is a registered trademark of Macmillan Publishing Group, LLC
All rights reserved.

本书中文简体版专有出版权由Macmillan Publishing Group, LLC, d/b/a Henry Holt and Company授予电子工业出版社，未经许可，不得以任何方式复制或抄袭本书的任何部分。

版权贸易合同登记号　图字：01-2024-3151

图书在版编目（CIP）数据

海洋：生命摇篮 / (美) 斯泰西·麦克诺蒂著；
(美) 戴维·利奇菲尔德绘；张泠译. -- 北京：电子工
业出版社, 2024. 10. -- (我的星球朋友). -- ISBN
978-7-121-48762-0

Ⅰ. P7-49

中国国家版本馆CIP数据核字第2024UU9014号

审图号：GS京（2024）1994号
本书插图系原书插图。

责任编辑：耿春波
印　　刷：北京缤索印刷有限公司
装　　订：北京缤索印刷有限公司
出版发行：电子工业出版社
　　　　　北京市海淀区万寿路173信箱　邮编：100036
开　　本：889×1194　1/12　印张：23.5　字数：119千字
版　　次：2024年10月第1版
印　　次：2024年10月第1次印刷
定　　价：168.00元（全7册）

凡所购买电子工业出版社图书有缺损问题，请向购买书店调换。若书店售缺，请与本社发行部联系，联系及邮购电话：
（010）88254888，88258888。
质量投诉请发邮件至zlts@phei.com.cn，盗版侵权举报请发邮件至dbqq@phei.com.cn。
本书咨询联系方式：（010）88254161转1868，gengchb@phei.com.cn。

海洋

全人类共同的财富

[美] 斯泰西·麦克诺蒂/著　[美] 戴维·利奇菲尔德/绘　张泠/译　大宝老师/审

我的星球朋友

生命摇篮

電子工業出版社

Publishing House of Electronics Industry

北京·BEIJING

你们好啊，朋友们，我是**海洋**。

大西洋、太平洋、北冰洋、
印度洋、南冰洋，
这些你耳熟能详的名字，
其实说的都是我——我很厉害吧？

整个地球上，所有的海水
是一个流动的整体。

我是无拘无束的！

地球之所以被称为"蓝色星球"，也是
因为我波澜壮阔、深不可测的海水。
我覆盖了地球上71%的面积。

我没有国籍，不悬挂任何一面旗帜。
我属于全人类。

我比你呼吸的空气还要
更早出现在地球上。

我在地球上已经
40亿年了。

海洋当中大部分的咸水
形成于地球宝宝开始
变冷的时候。

也有一些水可能是
冰态彗星带来的。

嘭！

在很长一段时间里，
我都在静静地、
孤独地巡游。

后来，**陆地**出现了。

与我湿漉漉的样子截然不同，陆地是干的。

我对此十分激动。

地球上的生命诞生于我的深海中。
最初的生命体非常小，小到只能用
显微镜才能看到。

单细胞生物

细菌

藻类

后来，生命蓬勃发展、不断进化，
这一切有趣极了。

水母

鱼类

多细胞生物

植物

我保留着一些记录，这很符合
我的重要身份。

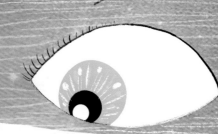

我拥有地球上……

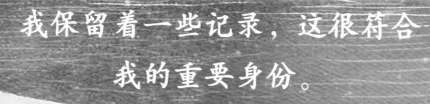

最大的动物——蓝鲸。蓝鲸的体形让恐龙都相形见绌。

最长的海底山脉——中洋脊。

最大的生态结构——大堡礁。

美丽的大堡礁如此显眼，在月球上都能看得到。

最多的财富——金矿、石油、银矿，当然还有钻石。

我不需要一砖一瓦就可以成为"高速公路"，
每天有5万多艘商船在我的波涛中穿梭往来。

我帮助人们运输食物、服装、玩具、书籍、冲浪板……你需要的一切我都能运。

我的内心深沉又复杂，一层层看下去：

光合作用带
（表层水带）
0～200米深

午夜区
（深层带）
1000～4000米深

超深渊带
（深海带）
深度大于6000米

我最深的地方是马里亚纳海沟，有11034米深，可以装得下珠穆朗玛峰。

黄昏带
（中层带）
200～1000米深

深渊带
（远洋深海带）
4000～6000米深

月亮控制着我的潮汐。

潮涨和潮落

每天各两次。

和谐美好。

我负责调控地球的气候。
至少，我为此尽我所能。

我是你最好、最亲密
的朋友。

没有我，就不会有动物和植物。
当然也就不会有你。

我希望人们能了解我。
你们给火星拍的照片比给
我的海底拍的好多了。
很难相信吧，
但事实就是这样。

而且，探索**外太空**的人也比探寻深海的人多哦。

我好**羡慕**外太空啊。

确实，90%的我都漆黑寒冷，但也很**有趣**。

快来探究我的秘密吧。

快点儿来吧，来研究我的：

海底的窗虫

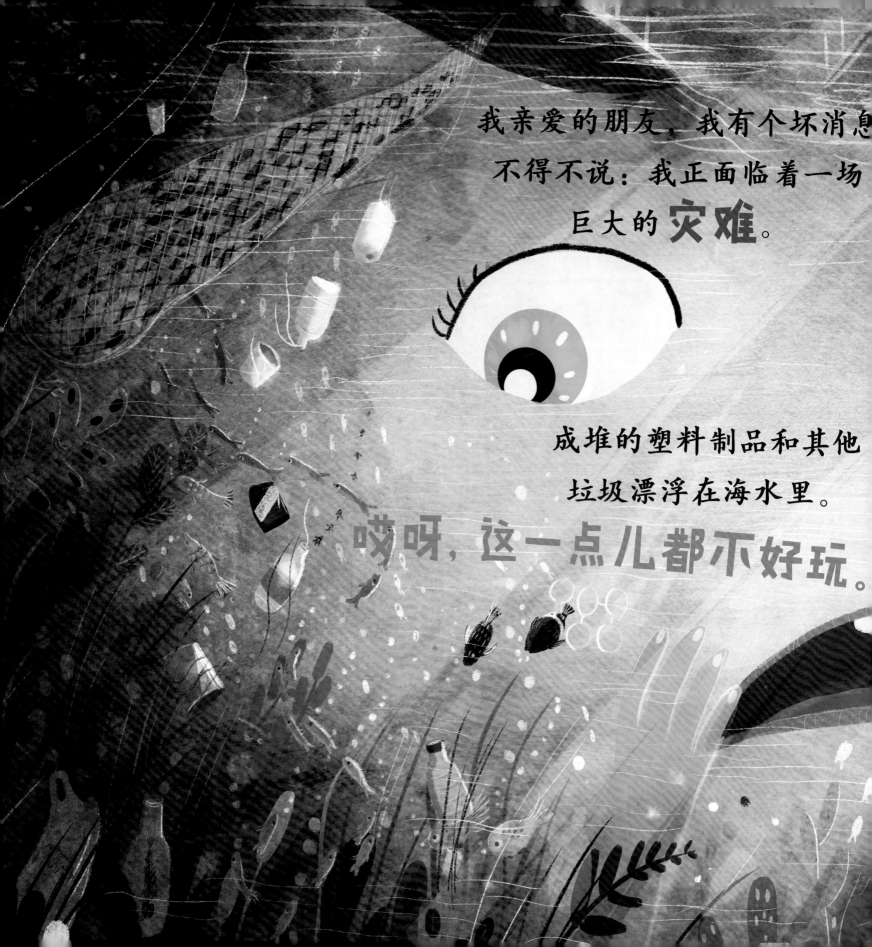

我亲爱的朋友，我有个坏消息
不得不说：我正面临着一场
巨大的**灾难**。

成堆的塑料制品和其他
垃圾漂浮在海水里。

哎呀，这一点儿都不好玩。

有些生物挣扎在生死边缘——
过度捕捞也严重威胁着我。

冰川和冰山在急速融化。
融化的速度真的太快了。

但我相信，我们联手一定
能让一切回归**正轨**。

让我们共同努力，去达成
最美好的生态平衡吧！

我是你的**邻居**，你的**朋友**。
我是你的**过去**，更是你的**未来**。

朋友啊，**我是**

海洋。

亲爱的海洋探索者：

没有海洋，地球将会怎样？可想而知那样的地球将不再是我们赖以生存的美好家园。水（包括海洋）对地球上的生命来讲是生存之本。海洋为我们的大气至少提供了一半的氧气，为我们的地球控温。而且，如果没有海洋，游泳、冲浪和出海游玩这些有趣的事情，就都做不了啦。

尽管海洋覆盖了地球表面的71%，我们对它依然知之甚少。波涛中有那么多的秘密等着科学家们（当然还有你们这些未来的科学家们）去探索。要不怎么说"学海无涯"呢！

你忠实的朋友

斯泰西·麦克诺蒂

作者，海滩寻宝人，你的朋友

另：在这本书中，我已经把我知道的有趣信息尽量准确地告诉你了。但是，要知道，人们对地球和海洋的探索也在逐步加深。希望我们能跟科学一起进步、一起成长。

一个还是五个（或者说四个）

地球上只有一个海洋，因为海洋里没有栅栏也没有围墙。不过，人们还是把海洋分成了五个（或者四个）不同的水域：大西洋、太平洋、北冰洋、印度洋和南冰洋——这些区域标签明确地标注在地图和地球仪上——但在现实中我们其实是看不到它们的界限的。

"数"说海洋

海洋覆盖着地球表面积的71%的面积。

还有80%以上的海洋未被探索。

海洋的平均深度约为3795米。

马里亚纳海沟的挑战者深渊位于海平面以下约11千米处，是地球上最深的地方。

蓝鲸的体长可达30米左右，重量可达150吨左右，论个头，它确实是海洋中（也是地球上）最大的动物。

中洋脊是地球上最长的山脉，总长度约为80000千米。

大西洋每年约变宽1厘米到10厘米。

大堡礁总面积约为20.7万平方千米。

真心话大冒险

问：你更喜欢波澜壮阔的雄伟还是冰封万里的沉寂？

答：哦，液体、固体还是气体——我怎么能只选其中一种状态呢？这跟选择喜怒哀乐可不是一回事儿。所以任何状态我都喜欢。不过，我有大概15%的部分每年总有或长或短的时间被海冰覆盖。淡水在0℃的时候会结冰。但海水的冰点是−1.9℃。

问：你更喜欢鲸还是鲨鱼？

答：我喜欢在我美丽的海域里遨游的所有生物。鲸、海豚等一共有90多种，还有鲨鱼500多种，即使是最小的浮游生物也无限精彩。无论鱼类，还是哺乳动物，抑或爬行动物和鸟类，都把我当成家园。我从不做选择，它们每一个，我都爱。现在，海洋里漂浮着成堆的塑料制品或其他垃圾……请不要把塑料它们丢到大海里。

问：你更喜欢墨西哥卷还是比萨？

答：哦，我不吃你们人类的食物哦，我的海洋生物们也不吃。墨西哥卷和比萨还是留给你自己吧，你想吃多少就吃多少，但请记住不要分享给海鸟、鱼类和其他动物。我本身就是一个完美的生态系统，可以给大大小小的生物提供食物和和谐共生的环境。很棒吧！

海洋：该我提问了。你更想生活在水质健康的星球上，还是海水被污染的星球上？这个问题并不难回答。地球需要健康的海洋才能维系和发展。请你仔细读读这本书，看看怎样才能让我健康又快乐吧。

怎样跟海洋做朋友

1. 减少塑料的使用。海洋上已经出现了塑料垃圾堆积而成的岛屿。选择可以重复使用的水壶和购物袋能够有效减少自然环境中的塑料垃圾。

2. 循环利用。践行垃圾分类，把可循环使用的废物扔进专门的垃圾箱。如果我们用过的瓶子、易拉罐和纸张都能送到回收中心再利用，那它们就不会对我们的蓝色海洋造成污染。

3. 节约用水。即使你住的地方离大海有1000千米远，你排放的废水最终也会注入海洋。请你在刷牙的时候关紧水龙头，尽量淋浴，少泡澡，尽快修好漏水的马桶。

4. 为海洋打扫卫生。你可以做海滩清洁志愿者。请不要向海里扔垃圾，也不要把垃圾留在海滩上。

5. 合理合法地购买和食用海鲜。鱼确实好吃又健康，但是过度捕捞已经对海洋的生态系统造成了恶劣的影响。所以，一定要食用合法捕捞的海鲜。

6. 低碳生活。离开房间后要关灯，及时拔下电脑的电源，多走路、少开车……这些行为看起来微不足道，但却能实实在在地减少污染、保护海洋，让地球更美好。

7. 妥善管理化学品。任何进入下水道的东西最终都会进入海洋。所以请仔细阅读化学品的标签并将它们妥善管理。

8. 跟你的朋友们分享你获得的知识，让更多的人密切关注海洋健康。